JN297177

育てて、しらべる
日本の生きものずかん 13

監修　山脇兆史　九州大学理学研究院助教
撮影　若田部美行・安東 浩
絵　Cheung*ME

カマキリ

集英社

もくじ

カマキリがいたぞ。大きな目だね …4
体(からだ)のつくりを見(み)てみよう …6
カマキリのぼうけんものがたり …8
きけんがいっぱい …10
カマキリのかりのたつじんだ …12
カマキリは かりのたつじんだ …12
けっこんをするよ …14
たまごをうんだ …16
カマキリは草(くさ)むらが大(だい)すき …18
かりのめいじんのひみつ …20
こんなくせがあるよ …22

この本に出てくるカマキリ

オオカマキリ…28
チョウセンカマキリ…29
ハラビロカマキリ…29
ヒメカマキリ…30
コカマキリ…30
カレハカマキリ…31
ランカマキリ…31

大きな目のふしぎ…24
カマキリをねらう天てきたち…26
日本にいるカマキリ…28
外国にいるカマキリ…31
カマキリをつかまえよう…32
かってみよう…34
カマキリおもしろちしき…36

カマキリがいたぞ。大きな目だね

あっ、しまった　見つかっちゃったよ

前足はトゲのならんだ大きなカマ。これをふり回して　いばってるぞ。

花にかくれて、えものをさがすオオカマキリ。じっとしていると、わからないね。

カマキリは6本足のこん虫です。2本のカマでほかの虫をとらえて　えさにします。強いこん虫で、うごくものならなんでも、ギョロリとひとにらみ。えものだとわかるとカマをのばす。てきならば、カマをふり上げてたたかいます。

きびしい自然の世界で生きる、カマキリのひみつを　さぐってみましょう。

4

カマキリは目がとてもいい。こんな大きな目なら、なんでも見つけそう。

体のつくりを見てみよう

オオカマキリの体をしらべてみたよ。

オスとメスの見わけ方

たまごをうむ、産卵管があるのがメス。ないのは、オスだ。メスのおしりは左右が同じ形、オスは左右の形がそろっていない。

メス　　オス

触角
においをかぐところ。さぐるように、ふる。

羽
大きな羽があるが、とぶのはオスだけ。メスはほとんどとばない。

はら
オスは細く、メスは太い。とくに、秋になり、たまごをうむ前は太くなる。

足
足の先はかぎづめで、木やものをしっかりつかめるようになっている。

6

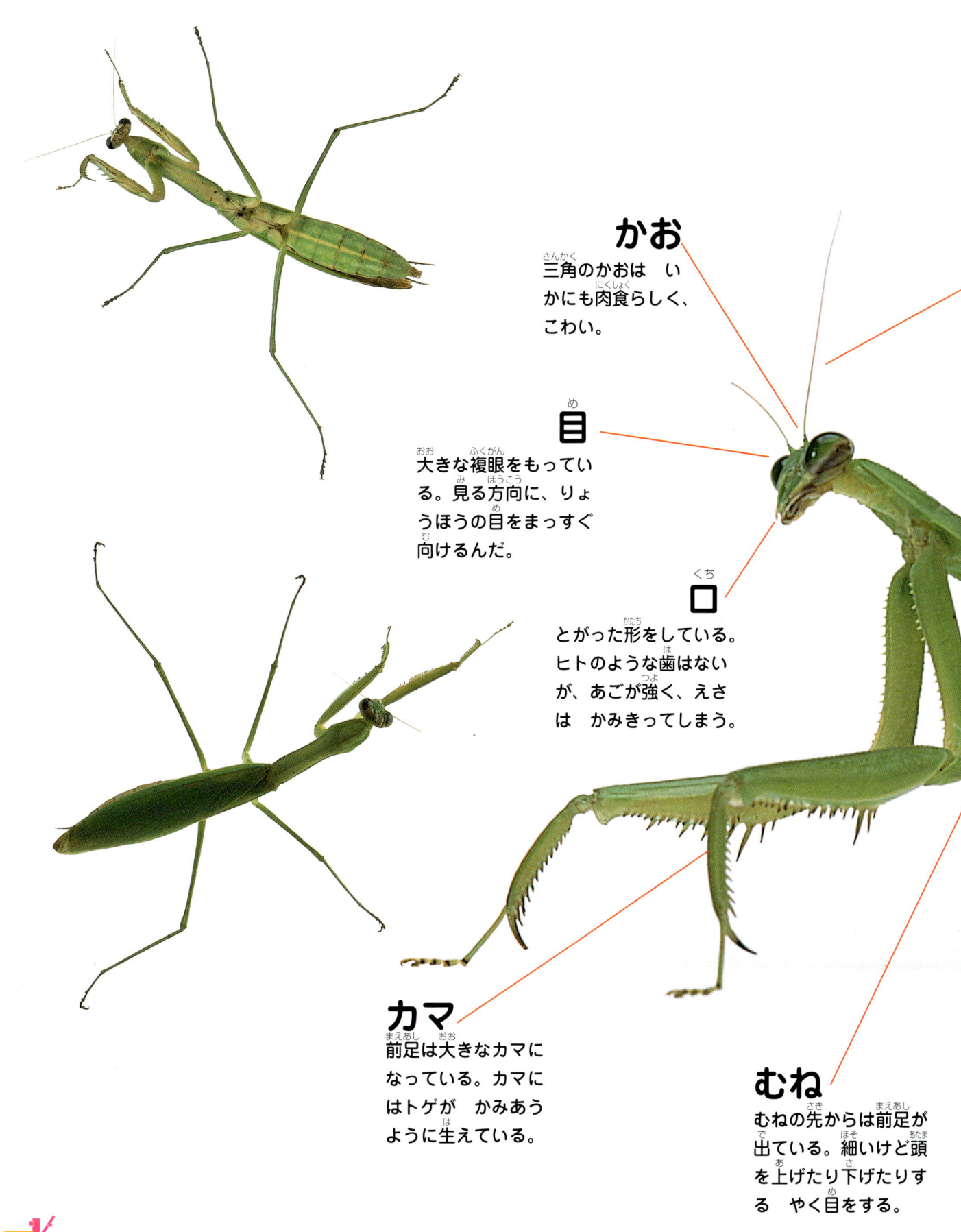

かお
三角のかおは いかにも肉食らしく、こわい。

目
大きな複眼をもっている。見る方向に、りょうほうの目をまっすぐ向けるんだ。

口
とがった形をしている。ヒトのような歯はないが、あごが強く、えさは かみきってしまう。

カマ
前足は大きなカマになっている。カマにはトゲが かみあうように生えている。

むね
むねの先からは前足が出ている。細いけど頭を上げたり下げたりする やく目をする。

カマキリの ぼうけん ものがたり

カマキリの一生は はらんばんじょうの ぼうけんに みちて います。きみも公園 や にわで、カマキ リのたまごを さが してみましょう。

1月（がつ）

学校（がっこう）のかえり道（みち）。公園（こうえん）でカマキリのたまごを見（み）つけたよ。ゆきがふっても、だいじょうぶなのかな。

8

あちこちでたまごを見つけておいたけど、はっぱが出てきて、見つかりにくくなった。

5月

3月

4月

たまごがかえったよ。たくさん幼虫が出てきて、まわりにいっぱいいるんだ。ねぶくろのような体でたまごから出ると、すぐ ふくろをぬぎすてて歩き出すよ。

生まれたばかりの幼虫。もう、カマをもっている。

ぬけがらのたまごを見つけたよ。もうみんな、たんじょう したんだね。

きけんが いっぱい

幼虫は小さくてよわい。雨にぬれてしんでしまったり、ほかの生きものに 食べられてしまったりするのです。

6月

べつの形のたまごを見つけた。ハラビロカマキリだ。そばにいた幼虫は、このたまごから生まれたのかな。

1 小さなカマキリを見つけた。どこに行くんだろう。

2 あっ、ダンゴムシがいるぞ。カマキリが近づいたら丸くなっちゃった。

10

7月

8月

大きくなった幼虫を見つけたよ。羽はまだないけど、もうすぐおとなだね。がんばれ。

あっ、アリにおそわれている。かこまれたぞ。

やられた。

5 つまんないって。さようなら だね。

幼虫はあんなに たくさんいたのに、なかなか見つからなくなった。みんなアリにやられたのかなあ。

ダンゴムシ コロコロ。ねぇ、あそぼうっていっているのかな。

3

4 ダンゴムシはどうしても丸くなったままだ。

カマキリは
かりの
たつじんだ

9月(がつ)

カマキリはすっかりおとなになりました。りっぱな体(からだ)に大(おお)きなカマ。もう、アリだってこわくありません。草(くさ)むらや花(か)だんで、カマキリのかりを 見(み)られるようになります。

カマキリはまちぶせが とくい。じっとしていると、そこにいるってわからないんだ。

バッタをつかまえているよ。2本(ほん)のカマでよこにだいて、くびにかみついた。もりもり食(た)べる音(おと)が きこえたんだ。

12

ガブッ！

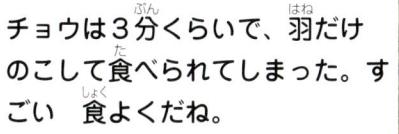

チョウにおそいかかった。とてもすばやかったよ。カマキリがいるなんてチョウにはわからなかったみたいだ。

チョウは3分（ぷん）くらいで、羽（はね）だけのこして食（た）べられてしまった。すごい 食（しょく）よくだね。

食（た）べおわった あと、カマや体（からだ）を きれいに なめていたんだ。

けっこんをするよ

9月

たくさんえさを食べたカマキリは、たまごをうむため、けっこんのあいてをさがします。オスはメスに近づくとき、えさとまちがえられないように、ちゅういぶかく近よります。

2 見ている先に大きなメスがいた。メスもオスに気がついたぞ。

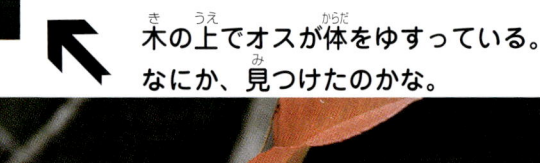

1 木の上でオスが体をゆすっている。なにか、見つけたのかな。

14

3

4

オスがゆっくりと、メスに近よっていく。メスは知らんぷりだ。

5

わっ、オスがとびかかった。

6

メスのせなかに　またがったぞ。メスはあばれない。ケンカにはならないんだ。

日がしずんでしまうまで、交尾をしていたよ。6時間がたっていた。

7

交尾をはじめたよ。たまごをうむじゅんびだね。

8

たまごをうむんだ

たまごをうむ前の、メスのおなかは はちきれそうに、大きくなっています。木のえだのつかまりやすいところに、たまごをうみます。産卵は４時間ほどつづきます。夜が多いですが、昼に産卵することもあります。冬までにメスは２回か３回、たまごをうみます。

えだに からみつけるように、あわを出したよ。あわの中にたまごがあるんだね。

メスの おなかが 大きいね

10月

よく見ると、おしりからあわが出ているぞ。2本のヒゲをうごかして、かき立てるよ。

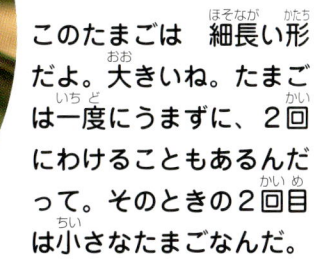

このたまごは細長い形だよ。大きいね。たまごは一度にうまずに、2回にわけることもあるんだって。そのときの2回目は小さなたまごなんだ。

さむくなったよ。赤くそまったはっぱにメスのカマキリがいた。まだ、生きていたんだ。少し頭をうごかしながら、いつまでも日なたぼっこをしていたよ。

カマキリは草むらが大すき

オオカマキリがすむ
草(くさ)むらにはいろいろな
生(い)きものがいる。
えものが多(おお)いといいね。

かりのめいじんのひみつ

カマキリはほかのこん虫におそれられる かりゅうど。ねらったえものはにがさない。

まず、目でえものを見る

目がすごくいいんだ。まわりにうごくものを見つけると、そこにかおをむけて、りょうほうの目の正面にあいてをとらえるぞ。こうなれば もう にがさない。えものまでのきょりを、せいかくにつかむんだ。

見えにくいときは体をゆすって見る

えものだとおもったら、体を左右にゆすりながら、近づくよ。体をゆすることで、えものがもっとはっきりと見えるんだ。まるで、おどりをおどっているみたいだけど、あそんでいるんじゃないよ。

20

まちぶせがとくい

いちばんとくいな かりのほうほうは、まちぶせだ。チョウやバッタがやってきそうな場所(ばしょ)で、じっとうごかずに まっている。だから、カマキリは えもののいる木(き)や花(はな)なら、どんなしょくぶつにでもいるんだよ。

食(た)べのこしはしないよ

とらえたえものは 口(くち)を大(おお)きくひらいて、バリバリと丸(まる)ごと食(た)べる。自分(じぶん)の体(からだ)よりも少(すこ)し小(ちい)さいこん虫(ちゅう)を えものにすることが多(おお)い。おなかのすいているときは、カエルやトカゲにとびかかることもあるらしい。

カマで えものを がっちりつかむ

えものをつかまえるのに、ちょうどいいきょりを カマキリは知っている。そのきょりに なると、うでをのばして、えものにとっしんして、がっしりとカマにはさみこむ。カマのうごきは はやすぎて、目(め)にとまらないほどなんだ。

21

こんなくせがあるよ

野原（のはら）でカマキリを見（み）つけたら、すぐつかまえずに いろいろな うごきをするから、おもしろいよ。かんさつ をしてみよう。

後（うし）ろ足（あし）をかかえているところ。

手足（てあし）をみがく

カマや足（あし）を、口（くち）でみがくよ。えものを食（た）べたあとに、カマのよごれをていねいになめてとったり、後（うし）ろ足（あし）をカマでかかえて、口（くち）でよごれをとる。きれいずき なんだね。

ピカ
ピカ

カマをみがいているところ。

目（め）をこすっているところ。

22

すぐおこる

こわいものなしのカマキリは、大きな生きものに出会うと、てきとおもって　すぐにおこるんだ。手を近づけただけで、カマを大きくふりあげて　いかくするよ。

くびがよく回る

三角形のかおをくるくる回して、後ろの方まで　かおを向けるよ。ヒトのように、やわらかく　うごく　くびがあるんだ。こん虫ではめずらしいんだよ。

はっぱからぶら下がる

はっぱや小えだに足をかけて、ぶら下がるんだ。足の先には　かぎづめがあり、そこをひっかけているんだよ。この足で、つるつるなガラスにだって　とまれるんだ。

大きな目のふしぎ

カマキリの目はとっても大きいね。この目にはふしぎなことがあるんだ。

目の中の黒い点はなに？

みどり色の目の中に、ポツンと黒い点があるよね。そこで見つめかえしている　みたいだね。あれは「ギドウコウ」といって、ニセの黒目なんだ。目を見ているヒトの正面の一かしょだけが黒くなるしくみだよ。だまされちゃうね。

> いつも黒点はこっちをむいているよ。

よこから見ると

下から見ると

前から見ると

24

目の色がかわる

昼まはきれいな みどり色の目が、夜になると だんだん黒くなってくるね。色がかわるんだ。これは、くらい夜の よわい光でも よくかんじようと するためだ。

昼まはみどり色。

夜はまっ黒だ。

朝はみどり色にもどるとちゅう。

小さなつぶがひとつひとつ目だよ。

複眼のしくみは？

ヒトとこん虫の目は しくみがちがうんだ。こん虫は、小さな目がすう千からすう万こ もあつまって、ひとつの大きな目になっている。これが複眼だ。ひとつひとつの目は、光と色をかんじているだけで、形は見えていない。複眼ぜんたいで、ものの形を見ているんだよ。

25

カマキリをねらう天てきたち

カマキリをつかまえて、食べてしまう生きものがカマキリの天てきだ。自然の中には、おそろしいてきが いっぱいいるのさ。

幼虫のころ

生まれたばかりの幼虫のころは、体が小さいので、アリやクモにつかまりやすい。とくに、アリはたまごから ふ化したところをねらって おそいかかる。こうなったら ぜんめつだね。コカマキリの幼虫は、鳥の目をくらまそうとして、鳥がきらいなアリにそっくりな体をしている。これは擬態というんだ。

アリ

クモ

ドキドキ♥　ワクワク♥

ふ化したばかりの幼虫をおそうアリぐんだん

26

コウモリ

成虫のころ

小鳥やカラスにようじんするよ。あのかたいくちばしには、じまんのカマも歯が立たない。夜は、コウモリが天てきだ。コウモリのなき声を、おなかにある耳できいたら、すぐにかくれるんだ。

足のつけねのへこみは、耳だよ。

カラス

ブーン

すぐおこるのがうんのつき

大こうぶつのチョウをさがしていたら、木のみきでスズメバチに ばったり。でも、どんなあいてだって、カマキリはせなかを見せない。たたかいをいどんでしまうんだ。ほとんどまけてしまうけどね。

日本にいるカマキリ

日本には9しゅるいのカマキリがいる。その中から、みんなが見つけられそうな5しゅるいをえらんだよ。

オス

オスはやせていて、おなかがすっきりだね。メスとくらべてごらん。

いちばん大きくて、けんかも強い
オオカマキリ

生息地域／本州、四国、九州、北海道の一部
体長／70〜95mm

林が草はらに　かわるあたりの木や草むらでよく見つかる。メスはとても大きく、はじめは手でつかむなんて、こわくてできないよ。カマでひっかかれると、ヒフが切れて血がにじむ。気をつけてね。

メス

■生息地域は、おおよその地域です。
■体長は大きく育った成虫のおおよその寸法です。

28

カマをそろえて、こうげきたいせいだ
チョウセンカマキリ

生息地域／本州、四国、九州、沖縄
体長／70〜82mm

オオカマキリをすこし細くしたような体だ。カマのつけねの　むねのぶぶんが、オレンジ色になっているものが多くいる。ここで、オオカマキリと　くべつしやすいよ。広い野原でよく見つかるんだ。

幼虫

オスはメスより小さい。
オスのほうが　よくうごくよ。

太めの体なので、すぐわかるよ

オスはメスほど　はばが　広くない。オスとメスの大きさは同じくらいに見える。

ハラビロカマキリ

生息地域／本州、四国、九州、沖縄
体長／50〜70mm

カマのうでや、おなかが太めだよ。ほかのカマキリとは形がちがうから、見わけがつきやすい。大きさは中ぐらい。がっしりとしている。木の上にいるが、地めんをあるいていることも多い。

日本にいるカマキリ

この2しゅるいは、よくさがさないと見つからない。

うごきがはやく、すぐにげる
ヒメカマキリ

生息地域／本州、四国、九州、沖縄
体長／29～35mm

小さくて、かわいい。木の上にすんでいる。見つけたとおもったら、ピョンとはねて　いなくなってしまう。つかまえるのはたいへんだぞ。きけんを強くかんじると、しんだふりをするらしい。

オスより、メスのほうがすこし　はらが太い。

野原の道で見つかるよ
コカマキリ

生息地域／本州、四国、九州
体長／48～65mm

茶色のものがよく見つかる。みどり色のものはあまりいない。オオカマキリを小さくしたようなかんじだ。木にはのぼらずに、地めんでえさをさがすんだって。

外国にいるカマキリ

外国にもたくさんのカマキリがいます。その中には、体をほかのものに にせて、ほかの生きものの目をごまかすものがいます。これを擬態といいます。

じっとしてたら、ぜったいにバレないぞ。

どこにいるのか、わからない
カレハカマキリ
生息地域／東南アジア
体長／60mm

かれはに そっくりだね。えだにぶら下がったりして、えものがうっかり近よるのをまつんだ。同じしゅるいが ほかにもいて、大きさもいろいろなんだ。

色も形も、花のようだね。

花と同じ色をしてるんだ。
ランカマキリ
生息地域／東南アジア
体長／50mm

ランの花にすんで、花のみつをすいにくるチョウをつかまえる。花びらにかんぜんに ばけているね。目が日本のカマキリとちがう形をしているよ。

カマキリをつかまえよう

9月ごろになると、カマキリは大きくなって、見つけやすくなるよ。

カマキリは川のそばの草むらとか、ぞうき林のふち、また、とかいの公園にもすんでいます。えさになるこん虫が たくさんいるところをさがしましょう。チョウがあつまる花だんをよく見ると、はっぱの上をあるいていたりします。

こんなふくそうでいいよ

とくべつにひつようなものはないよ。いつもあそぶときのままでいいんだ。でも、ぼうしはわすれないでね。

- ぼうし
- 虫とりあみ
- 虫かご

見つけたら、地めんにいるなら あみでとろう。はっぱや小えだにいるときは、しっかりとつかまっているので、あみではとれない。えだなどでさそって うつし、かごに入れるといいよ。

カマキリのあつかいになれたら、手でつかんでみよう。せなかをゆびでつまむんだ。カマをふりあげるから、切られないように気をつけるんだよ。

かってみよう

つかまえたら かってみよう。かんさつすると、カマキリのことがもっとすきになるよ。

カマキリは、肉食のこん虫です。うごくものはなんでも えさとおもって、つかまえます。気をつけるのは、2ひきを同じ虫かごに入れないこと。ケンカをして、ともぐいになります。ほかは、とくにむずかしいことはありません。

温度にちゅうい

虫かごを日なたに おきっぱなしにすると、中の温度が高くなって、しんでしまうよ。気をつけよう。

えさは2日に1回くらい

えさは、生きているものしか食べないので、バッタやチョウ、トンボなど、虫をあげよう。2日に1匹くらいでいいよ。水は、一日に1回、かべにスプレーで水玉がつくように かけてやろう。

34

ひつようなもの

虫かご
大きめのものをたてに立ててつかう。

＋

小えだ
カマキリがあそべるように、小えだを入れる。

＋

えさ
生きているこん虫を食べる。チョウがすき。甲虫は食べない。

＋

スプレー
虫かごの中がかんそうしないていどに、水をかける。

たまごをうむよ

秋につかまえたメスはたまごをうむことが多い。つかまりやすいえだを　入れてあげよう。

カマキリおもしろちしき

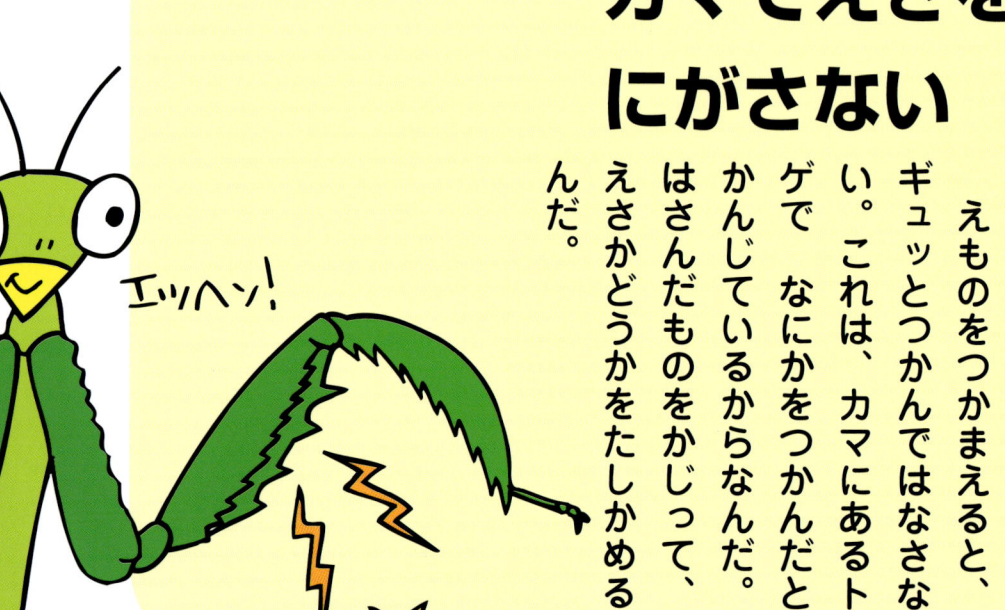

カマキリのこと、もっといろいろ知りたいな。

日本に 9しゅ
世界に やく2000しゅ

カマキリはさむい国をのぞいた、ほとんどの国にすんでいる。ヨーロッパでは、カマをそろえたすがたから、「おいのりをする虫」ともいわれているよ。

カマでえさをにがさない

えものをつかまえると、ギュッとつかんではなさない。これは、カマにあるトゲでなにかをつかんだとかんじているからなんだ。はさんだものをかじって、えさかどうかをたしかめるんだ。

エッヘン！

脱皮して大きくなる

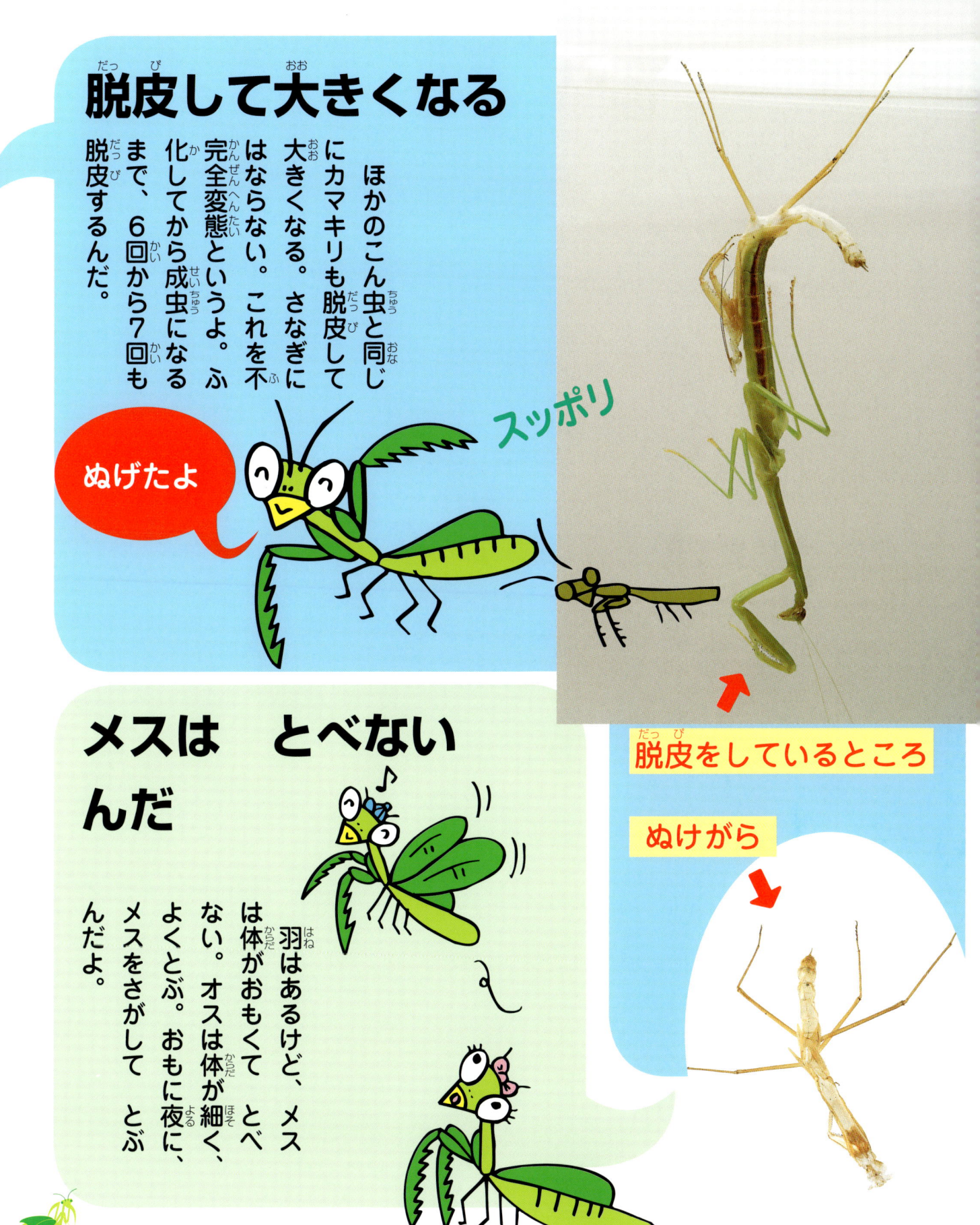

ほかのこん虫と同じにカマキリも脱皮して大きくなる。さなぎにはならない。これを不完全変態というよ。ふ化してから成虫になるまで、6回から7回も脱皮するんだ。

ぬげたよ

スッポリ

脱皮をしているところ

ぬけがら

メスは　とべないんだ

羽はあるけど、メスは体がおもくてとべない。オスは体が細く、よくとぶ。おもに夜に、メスをさがしてとぶんだよ。

カマキリ おもしろちしき

まだまだあるぞ、カマキリのふしぎ。

たまごの天てき、カツオブシムシ

たまごにとりついて、中の幼虫のもとを食べてしまうよ。

きせい虫、ハリガネムシ

成虫のカマキリの体の中に入って、生きているきせい虫だ。カマキリがしぬと、体からぬけ出して、ハリガネみたいにぎくしゃくうごいて、はなれていくよ。

38

たまごのふ化にちゅうい

たまごの中には さらに小さなたまごが きちんとならんでいる。200こくらい あるんだ。そのまわりをあわでおおって、ひとつのたまごになっているのさ。とても かるいよ。

たまごを見つけて家にもちかえったときは、おいておく場所にちゅういしよう。あたたかいへやにおくと、冬でもふ化してしまうよ。のき下とか、家の外の空気にふれるところにおいておこう。

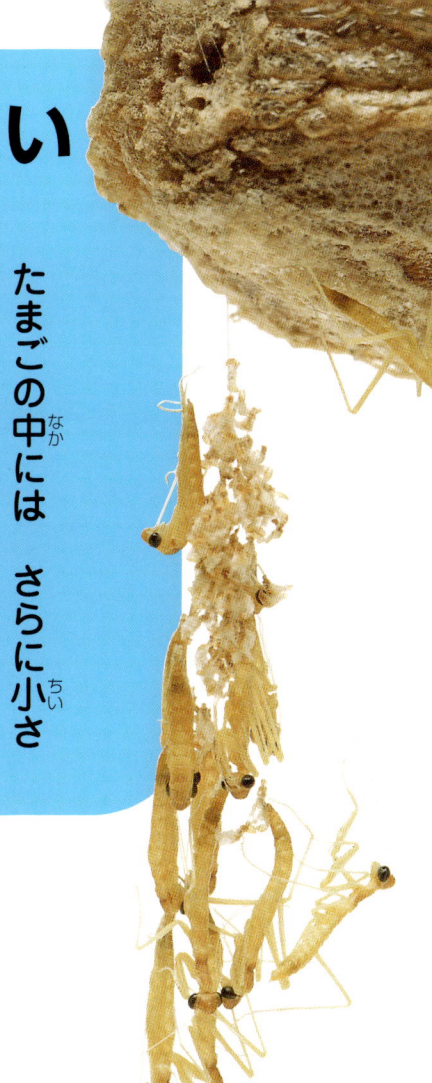

みどり色と茶色がいるのは？

同じたまごから生まれて、みどり色に育つものと茶色に育つものがいる。色はちがっても、同じカマキリなんだ。なぜ、色がちがってしまうのかは、よくわかっていないんだ。

監修／山脇兆史　九州大学理学研究院助教
撮影／若田部美行・安東 浩
絵／Cheung*ME
装丁・デザイン／M.Y. デザイン
　　　　　　　　（赤池正彦・吉田千鶴子）
校閲／鋤柄美幸
写真協力／本多治子

育てて、しらべる
日本の生きものずかん　13

カマキリ

2007年2月28日　第1刷発行
2016年6月 6日　第2刷発行

監修　山脇兆史（やまわきよしふみ）
発行者　鈴木晴彦
発行所　株式会社　集英社
　　　　〒101-8050　東京都千代田区一ツ橋2－5－10
　　　　電話【編集部】03-3230-6144
　　　　　　【読者係】03-3230-6080
　　　　　　【販売部】03-3230-6393（書店専用）
印刷所　日本写真印刷株式会社
製本所　加藤製本株式会社

ISBN978-4-08-220013-8　C8645　NDC460

定価はカバーに表示してあります。
造本には十分注意しておりますが、乱丁・落丁（本のページ順序の間違いや抜け落ち）の場合はお取り替え致します。購入された書店名を明記して小社読者係宛にお送り下さい。送料は小社負担でお取り替え致します。但し、古書店で購入したものについてはお取り替え出来ません。
本書の一部あるいは全部を無断で複写・複製することは、法律で認められた場合を除き、著作権の侵害となります。
また、業者など、読者本人以外による本書のデジタル化は、いかなる場合でも一切認められませんのでご注意ください。

ⒸSHUEISHA　2007　Printed in Japan